科学家们有点儿忙

我的牛顿教练

②看得见的速度

很忙工作室◎著　　有福画童书◎：

U0239627

北京科学技术出版社
100层童书馆

艾萨克·牛顿先生是我们这个星球最伟大的科学家之一。

你好!

他提出了万有引力定律……

……和牛顿运动定律。

他发明了反射望远镜,提出了金本位制,还是微积分的创立者之一。

$$\int_a^b f(x)dx = F(b) - F(a)$$

GOLD

看我点石成金！

他还会一点儿炼金术……

哈哈哈！

你肯定想不到，牛顿还是一位……

……运动教练！

他并不擅长什么体育项目，却指导着所有参与体育运动的人，包括我和你。

现在，我们来欢迎牛顿教练吧！

两条腿的人类好像不太擅长速度项目，你想跑得更快、游得更快吗？

4

很多四条腿的动物都比人跑得快，因为它们的重心更低，所以更容易保持平衡，身体更稳定，能更充分地提高奔跑的速度。

而且四条腿交替蹬地大大增加了身体移动的幅度。

不过，也有用四条腿移动，但跑得很慢的动物。

别拍啦！

还有长了四条腿却非要用两条腿跑的动物。

嘿嘿，你追不上我！

教练，它们都被我拍到啦！

阻力

干得不错！你留下来当我的助手吧！

正好空气不在，我缺个帮手。

其实，直立行走的人类奔跑速度并不慢。

即便用 20 秒跑完 100 米，奔跑速度也达到了 5 米 / 秒。

不过，和那些靠奔跑逃生或狩猎的动物相比，人类的奔跑速度会被它们笑掉大牙。

32.2 千米 / 时

46.6 千米 / 时

112 千米 / 时

0.012 千米 / 时

64.4 千米 / 时

40~48 千米 / 时

这次我就来研究一下人类运动的速度吧！

等等我！

差点儿把它忘了。

6

7

8

顶尖短跑运动员跑完100米需要44到48步，而博尔特只需要41步左右。

100米世界纪录

9.58

博尔特步频小，但每一步都比其他人跨得远，这意味着他的脚与地面接触的时间更长。

虽然脚后蹬时产生的水平分力对速度非常重要，但向上的垂直分力也至关重要。

于是他获得了更多的垂直分力，增加了每一步的腾空时间，也就有了更远的腾空距离。

20 世纪 70 年代，科学家根据空气阻力以及体重对人体的影响，计算出 100 米跑的人类极限是 9 秒 60，如果超过这个极限，就可能会造成骨头断裂，关节软组织脱离。

危险！千万别过线！

9秒60

但是，博尔特创造了 9 秒 58 的世界纪录之后，又健康地参加了两届奥运会，并且获得了多枚金牌。

9秒60

科学家预测

2040年9秒49

2156年8秒079

在各项运动中，从理论上来说，人类的速度是有极限的，但我们应该自信地去不断挑战极限。

说起超越极限，在奥运项目中，金牌数量最多的项目是——

田径！

第二多的项目是——

游泳！

最早产生的泳姿是蛙泳。仰泳、自由泳和蝶泳都是由蛙泳发展而来的。

我是不是应该去跟青蛙学习游泳啊。

可以说，青蛙是人类游泳的老师。

呱！

自由泳

蛙泳

仰泳

蝶泳

蛙泳这一泳姿产生得最早，却是四种泳姿里速度最慢的。

因为蛙泳产生的阻力很大！

蛙泳游起来太累了，人们发现躺在水上稍稍动动手脚就可以漂浮着前进，于是仰泳出现了。

随着技术的发展，现在仰泳的速度已经远远超过了蛙泳的。

14

自由泳是所有泳姿中速度最快的，男子50米自由泳的世界纪录比蛙泳的快5秒多。

世界纪录

25秒95 蛙泳

这可能是人类在水中的速度极限。

20秒91 自由泳

从物理学角度看，手臂和腿都向后推水，水会产生相同大小的反作用力，推动我们向前运动。

作用力 →

← 反作用力

人在水中移动也遵循牛顿第三运动定律。

在水中，人类最快的速度只有约8.6千米/时，远远低于人类在陆地上的速度极限。

速度差距这么大都是因为有阻力。

想象一下，跑步时你面前的空气密度突然增大了800多倍。

这是一个让我们体验阻力的比喻。

我要用空气来阻止你！

巨大的阻力让你无法靠蹬地获得反作用力前进。

你只能靠手臂和腿拼命地运动才能前进。

嘿嘿，好像在水里游泳。

什么时候介绍一下你的小伙伴们啊？

这下你能想象到在水里提高速度有多难了吧！

马上！

普通人游泳时 98% 的能量用于克服水的阻力。

98%

即使是专业自由泳运动员也要耗费 91% 的能量与阻力抗衡。

91%

只要你在水中前进，就会同时遇到"阻力三人帮"的拦截。

哈哈哈！就是我们！

波浪阻力

摩擦阻力

压差阻力

你们游得越快，我增大得就越快。

最厉害

与速度的平方成正比

你还记得我讲过的知识点吗？

人往前游的过程中，身前是高压区，身后是低压区。

水从高压区流向低压区，给人向后的推力，这样就形成了压差阻力。

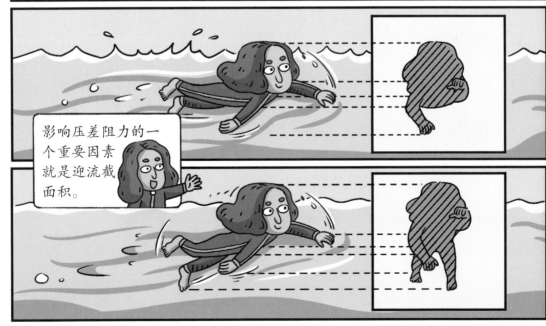

影响压差阻力的一个重要因素就是迎流截面积。

运动员还会下压上半身，抬高臀部，让身体和水面更平行，尽量减少迎流截面积。

这有什么难的……

上半身天然比下半身浮力小，普通人游泳时腿往往会不自觉地向下倾斜，这样迎流截面积大了，速度也就慢了。

你看，运动员就能非常轻松地控制自己的身体。

在拼尽全力克服压差阻力的同时，我们还会遇到"阻力三人帮"中的老二——

我，波浪阻力！

在介绍波浪阻力之前，请先猜一猜，这是做什么用的？

用来休息的？

旁边泳道的人往你这个方向推过来的波浪会对你造成影响。

在两个泳道中间放悬浮隔离墙，能最大限度地减小这种影响。

悬浮隔离墙也能分割泳道，当然，用它休息一下也不是不可以。

波浪阻力就是游泳时激起的波浪带来的阻力。

在 1956 年之前的游泳比赛中，运动员出发后，可以一个猛子扎下去，潜泳 50 米再露头。

这可不行啊！

为了确保公平，也让比赛更具观赏性，国际泳联在 1956 年修改了规则——无论哪种泳姿，入水和转身后最多只能潜泳 15 米。

15 米

自由泳

蛙泳

蝶泳

仰泳

水强大而又复杂的阻力决定了各种泳姿的速度差异。

蝶泳和蛙泳有大幅度的出水、入水动作。

而在自由泳的整个过程中，人体基本都在水中。

快！

并且自由泳时，运动员身体平直，没有大的身体角度变化，可以进一步减小阻力。

同时，自由泳的划水和打腿动作均匀而持续，推进力强大又连贯。

与之相比，古老的蛙泳就费力得多。

身体要大幅度倾斜

入水后速度快

出水时速度慢

收腿和伸臂的动作还得在水中进行。真是处处受阻啊！

可能是因为蛙泳、蝶泳、仰泳这三种泳姿要么太慢，要么游起来实在太累了，所以只设两个距离的比赛。

在奥运会比赛中，自由泳项目包含 50 米、100 米、400 米、800 米、1500 米五个距离，而其他三种泳姿只设了 100 米和 200 米两个距离。

蛙泳

蝶泳

自由泳

仰泳

不过，泳衣不仅仅是为了克服摩擦阻力。

鲨鱼皮泳衣曾风靡一时，但是现在已经不常见了。

很多人都认为鲨鱼皮泳衣比普通泳衣有优势，是因为它更光滑。

其实鲨鱼皮泳衣确实仿照了鲨鱼皮肤的真实构造，但它的表面并不光滑。

你想想平时吃的鱼，是不是有些鱼是有鳞片的？

光溜溜的鱼，一点儿也不好！根本抓不住！

29

鱼的鳞片起到了减小阻力的作用！

鲨鱼皮也是这样！

布满鱼鳞的鱼皮和鲨鱼皮上都有一些细小的沟槽。

水流冲过这些沟槽时，会在每个沟槽里卷起一个微小的旋涡。这些旋涡贴附在鲨鱼皮的表面，形成了一层膜，正是这层膜起到了减小阻力的作用。

这个原理和高尔夫球的有异曲同工之处！

在 2009 年的世界游泳锦标赛上，身穿鲨鱼皮泳衣的运动员们 43 次打破世界纪录。

世界纪录

之后，国际泳联发出了"禁鲨令"，鲨鱼皮泳衣退出了历史舞台。

比赛期间运动员不允许使用或穿着任何可以提高速度、耐力或增加浮力的装备。

现在运动员穿的泳衣有一个最大的特点——紧。

紧 紧 紧

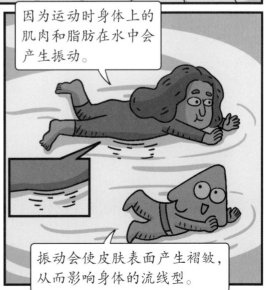

因为运动时身体上的肌肉和脂肪在水中会产生振动。

振动会使皮肤表面产生褶皱，从而影响身体的流线型。

臀部、大腿和胸部等脂肪堆积的部位是泳衣的重点"照顾对象"。

泳衣就像把肉紧紧捆住了一样！

除此之外，还有一种克服阻力的方法——把游泳池变成大浴缸。

什么意思？

给水加热升温！

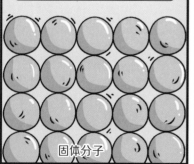

液体分子较固体分子排列松散，但较气体分子排列紧密。

固体分子

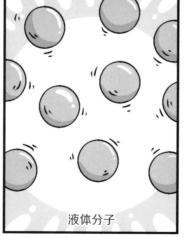

液体分子

气体分子

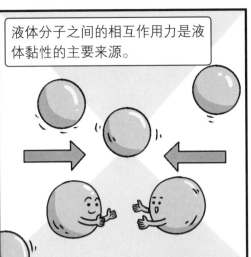

液体分子之间的相互作用力是液体黏性的主要来源。

当液体温度升高时，分子间距离增大，吸引力减小，黏性降低。

这就像酸奶！酸奶刚从冰箱里拿出来时很黏稠。

酸奶

在室外放了一会儿后，就变稀了。

也就是说，黏性随温度升高而降低。

温度 5℃

黏性

10%

比赛用的泳池的水温一般在 25℃到 28℃之间。

如果把泳池里的水烧到40℃，岂不是又舒服又能减少阻力？

在热水里游泳，摩擦阻力确实小。

我真聪明！

不过，人的血液循环也会加速，增大能量输出……

怪不得我游得这么累！

还有……

牛顿教练救救我！

热水无法带走人做剧烈运动时身体产生的热量，所以在热水中游泳很容易中暑。

赶紧捞我出去！

34

对追求人类速度极限的我们来说，牛顿教练的作用尤为重要。

我们在他和所有物理学家创立的知识体系中认识速度。有关速度的话题还没有结束，让我们期待牛顿教练的下一堂课吧！

冯·卡门

托马斯·杨

马格努斯

伯努利

牛顿教练，不接着讲啦？

$F_{\parallel}$

下次继续！休息，休息一会儿。

我的物理笔记

水的密度和阻力

　　游泳时人能浮在水面上，这和水的密度相关。人体的密度和水的密度相近，但是人的肺可以储存空气，吸气后人体的平均密度就变低了，所以人能轻松地浮在水面上。

　　牛顿教练讲过空气密度对运动速度的影响，而水的密度也会影响游泳速度。一般来说，水的阻力和它的密度成正比。水的密度比空气密度大800倍左右，在水里游泳时人们受到的阻力可想而知，所以为了提升游泳速度人们想尽了办法，其中就包括研发一种叫作鲨鱼皮泳衣的高科技泳衣。

　　鲨鱼皮泳衣可以减小水的阻力，提高游泳速度，但它违背了竞技体育不借助外力的原则，并且这种高科技泳衣造价高昂，使用次数有限，对经济实力弱的国家的运动员来说非常不公平。于是，国际泳联从2010年开始禁止运动员身穿这种高科技泳衣参加比赛。

　　虽然鲨鱼皮泳衣退出了游泳比赛，但人们还在研发新型泳衣，来帮助运动员们取得好成绩。

我有一个问题？

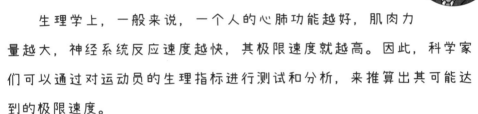

科学家们是如何计算人类极限速度的呢？

中国科协
首席科学传播专家
郭亮

计算人类极限速度的方法有很多，其中最常用的是基于生理学和运动学的方法。

生理学上，一般来说，一个人的心肺功能越好，肌肉力量越大，神经系统反应速度越快，其极限速度就越高。因此，科学家们可以通过对运动员的生理指标进行测试和分析，来推算出其可能达到的极限速度。

运动学上，人的极限速度与其运动方式、步频、步幅等因素有关。例如，短跑运动员的步频和步幅都非常高，而长跑运动员则需要保持相对较低的步频和步幅，以保持耐力。科学家们可以通过对运动员的运动方式等因素进行分析和模拟，来预测其可能达到的极限速度。

此外，科学家们还有一些其他的方法来帮助运动员超越人类的极限速度。例如，运动员可以在高海拔环境下进行训练，以提高其心肺功能。

生活中有哪些地方隐藏着物理原理？

日常生活中，你会接触到一些谚语、俗语，它们当中有些是可以用物理原理来解释的。

水火不相容：本意是两个对立的事物不能相容。水和火是很有代表性的两个对立事物。水能灭火，是因为水的比热容大，把水浇在火上，水与火接触后会吸收掉火的大量热量，这样就相当于给着火的物体降温了。我们知道，物体燃烧是要达到一定的温度的，也就是它的燃烧点，如果达不到这个温度也就没法烧起来了。另外，水遇热后有一部分汽化成水蒸气，水蒸气会覆盖在燃烧的物体外面，阻碍了物体和空气的接触，少了空气就相当于少了燃烧需要的氧气，所以也有助于灭火。

冰冻三尺，非一日之寒：冰面的形成是一个非常缓慢的过程。一般情况下，水温为4℃时密度最大。水温在0℃～4℃之间时，遵循的是"热缩冷胀"的原理；水温在4℃以上时，遵循的是"热胀冷缩"的原理。当一部分水的温度降到4℃以下时，这部分水开始冷胀，密度逐渐变小，并会"浮"在水面的上层，水面的上层开始结冰。而光滑的冰面能阻止热传递，让冰面下的水放热极为缓慢，所以，要想结出厚厚的冰就需要气温长时间维持低温。

所以，物理并不抽象，它就在我们的生活中。我们平时如果从物理的角度去思考，就会发现周围的世界是另外一番样子。

*比热容：一定质量的某种物质，在温度升高（或降低）时吸收（或放出）的热量与它的质量和升高（或降低）的温度的乘积之比，就是这种物质的比热容。

质量和重量有什么不同？

　　物体中所含物质的多少叫质量，它的常用单位是千克（kg）。物体的质量不会随其形状、状态和所处环境的改变而改变。

　　重量表示物体所受重力的大小。它会随物体所处纬度和高度的变化而变化。质量为 1 千克的物体只有在位于纬度 45° 的海平面上时，它的重量才是 1 千克。日常生活中，我们买东西称重以及我们称体重，都是在测量"重量"。例如，你现在的重量是 30 千克，如果你在北极称重，你的重量就不是 30 千克了，因为你所受的重力发生了变化，影响了你的重量。

短跑运动员跑步和普通人跑步有什么不同？

　　普通人跑步时，一般脚跟先落地以缓冲，然后随着身体重心前移，脚的受力点逐渐从脚跟过渡到脚掌，最后脚趾发力蹬地向前跑。高水平的短跑运动员为了便于加速，缓冲和发力全部由脚尖完成，受力点始终位于脚尖。短跑名将琼斯跑步时脚跟从不着地，她曾穿着一双没有后跟的跑鞋夺得奥运会冠军。

图书在版编目（CIP）数据

我的牛顿教练. 2, 看得见的速度 / 很忙工作室著 ; 有福画童书绘. — 北京 : 北京科学技术出版社, 2023.12（2024.2重印）

（科学家们有点儿忙）

ISBN 978-7-5714-3236-2

Ⅰ. ①我… Ⅱ. ①很… ②有… Ⅲ. ①物理学—儿童读物 Ⅳ. ①O4-49

中国国家版本馆CIP数据核字(2023)第180520号

策划编辑： 樊文静
责任编辑： 樊文静
封面设计： 沈学成
图文制作： 旅教文化
营销编辑： 赵倩倩　郭靖桓
责任印制： 吕　越
出 版 人： 曾庆宇
出版发行： 北京科学技术出版社
社　　址： 北京西直门南大街 16 号
邮政编码： 100035
电　　话： 0086-10-66135495（总编室）
　　　　　　0086-10-66113227（发行部）
网　　址： www.bkydw.cn
印　　刷： 北京宝隆世纪印刷有限公司
开　　本： 710 mm × 1000 mm　1/16
字　　数： 50 千字
印　　张： 2.5
版　　次： 2023 年 12 月第 1 版
印　　次： 2024 年 2 月第 3 次印刷
ISBN 978-7-5714-3236-2

定　　价： 159.00 元（全 6 册）

 京科版图书，版权所有，侵权必究。
京科版图书，印装差错，负责退换。